筑境

中国精致建筑100

龙母祖庙

吴庆洲 撰文 摄影 制图

中国建筑工业出版社

## 出版说明

中国是一个地大物博、历史悠久的文明古国。自历史的脚步迈入新世纪大门以来，她越来越成为世人瞩目的焦点，正不断向世人绽放她历史上曾具有的魅力和光辉异彩。当代中国的经济腾飞、古代中国的文化瑰宝，都已成了世人热衷研究和深入了解的课题。

作为国家级科技出版单位——中国建筑工业出版社60年来始终以弘扬和传承中华民族优秀的建筑文化，推动和传播中国建筑技术进步与发展，向世界介绍和展示中国从古至今的建设成就为己任，并用行动践行着"弘扬中华文化，增强中华文化国际影响力"的使命。从20世纪80年代开始，中国建筑工业出版社就非常重视与海内外同仁进行建筑文化交流与合作，并策划、组织编撰、出版了一系列反映我中华传统建筑风貌的学术画册和学术著作，并在海内外产生了重大影响。

"中国精致建筑100"是中国建筑工业出版社与台湾锦绣出版事业股份有限公司策划，由中国建筑工业出版社组织国内百余位专家学者和摄影专家不惮繁杂，对遍布全国有历史意义的、有代表性的传统建筑进行认真考察和潜心研究，并按建筑思想、建筑元素、宫殿建筑、礼制建筑、宗教建筑、古城镇、古村落、民居建筑、陵墓建筑、园林建筑、书院与会馆等建筑专题与类别，历经数年系统科学地梳理、编撰而成。本套图书按专题分册，就其历史背景、建筑风格、建筑特征、建筑文化，结合精美图照和线图撰写。全套100册、文约200万字、图照6000余幅。

这套图书内容精练、文字通俗、图文并茂、设计考究，是适合海内外读者轻松阅读、便于携带的专业与文化并蓄的普及性读物。目的是让更多的热爱中华文化的人，更全面地欣赏和认识中国传统建筑特有的丰姿、独特的设计手法、精湛的建造技艺，及其绝妙的细部处理，并为世界建筑界记录下可资回味的建筑文化遗产，为海内外读者打开一扇建筑知识和艺术的大门。

这套图书将以中、英文两种文版推出，可供广大中外古建筑之研究者、爱好者、旅游者阅读和珍藏。

# 目录

# 龙母祖庙

中国地大物博，各地民俗不同。全国旧有许多龙王庙，祭祀龙王爷。惟独岭南有别，西江一带，祭祀的不是龙王爷，而是龙母娘娘。西江沿岸的城市村镇，都兴建龙母庙。据统计，西江流域在民国时旧有大大小小的龙母庙数以千计［叶春生.龙母信仰与西江民间文化（油印稿）］。这些龙母庙都以德庆县悦城镇的龙母庙为祖，称为"龙母祖庙"，是所有龙母庙中最大最宏丽的一座。龙母祖庙是面向西江的一组古建筑群，建筑富有岭南特色，水波形的硬山封火山墙镬耳，是珠江三角洲和西江一带祠堂常用的形式。山门前是一个宽阔的广场，广场中树立着一座高大的石牌楼，牌楼前是茫茫的大江。西江一带的人民，以龙母为其祖宗，称龙母为"阿妈"，对龙母顶礼膜拜，奉为神明，虔诚之至。龙母祖庙平日香火不绝。每年农历五月初八日为龙母诞期，龙母祖庙则为一年一度的朝拜盛典。与全国各地祭拜龙王不同，龙母诞为西江一道亮丽的人文景观。

一、龙母诞及西江圣殿的来龙去脉

按照传统的说法，龙母诞期分为"诞辰"和"润诞"。"诞辰"为龙母诞生之日，即农历五月初八日，从五月初一至初十为贺诞期。"润诞"为龙母"升仙"之日即农历八月十五日，从十四日至十六日共三天贺诞。

润诞期间，香客比平常多，较平常热闹。前来朝拜的多为沿西江各村镇城市的民众，也有一些来自广州、港澳的朝拜者，场面较为壮观，但还达不到"如火如荼"的程度。

诞辰期间，其隆重程度，热闹场面，壮阔景观，都达到登峰造极的境地。先从清末民国时龙母诞辰的情形说起，使大家对这一个地方民俗有更具体的了解。

每年龙母祖庙的主事人从农历三月下旬起，就开始筹备诞辰盛事。首先派出专人前往佛山，把定制的祀神品物如香花、蜡烛、爆竹等，用三、四只大船运回仓库，以备诞期销售；又于庙里分设执事、金库、捐签香油、出售祀神品物、讲解签语、出售圣物（包括龙神像、灵符和圣水等物）、引导摩坐龙床、消防队、保卫队、杂工等十几个部门分头准备布置，动用四五百人。民国时德庆县长更亲自出马，于诞期前几日率财政科长等随员亲临指挥。

在龙母诞期前夜，有一个龙母更衣仪式。相传龙母原为广西藤县梁姓人，因此，每年诞期前半月，庙里派专使礼请藤县梁姓推出妇女四人到庙，向龙母焚香膜拜，以柚、柏、桂等

木叶煎水沐浴三日，更衣前着礼服到正殿，闭门焚香，行大礼，然后卸下龙母旧袍，以桂叶香汤白丝巾轻抹龙母像后，换上新袍，再焚香膜拜以祝诞辰。更衣仪式毕，殿外庙祝则燃放爆竹致贺，并对梁氏姐妹揖拜致谢。换上新袍后的龙母神像则在诞期接受民众的朝拜。

即使在平常，到悦城来参拜龙母的人也是络绎不绝。农历逢五逢十，是悦城镇的圩期，前来朝拜者人数更众。行走西江的所有船只，不论是港梧、省梧、肇梧的轮船、客渡、汽船及木船，不管是白天或夜晚路经悦城，在距离龙母庙还有三、四华里的河面，有汽笛的则鸣汽笛，无汽笛的则鸣锣鼓，并烧香点烛，遥向龙母致礼。船只抵庙前河面时，停泊靠岸，让乘客上岸参拜龙母，该船也派专人前去奉献香烛。

图1-1 龙母祖庙总平面及地形示意图
龙母祖庙坐落在悦城河与西江交汇处的台地上，前临大江，隔江的黄旗山和青旗山似两阙拱卫祖庙，为"旗山耸翠"之景；庙后为五龙山，有"五龙朝庙"的形势，再后则以金鸡岭为屏。庙址所在，为风水宝地。

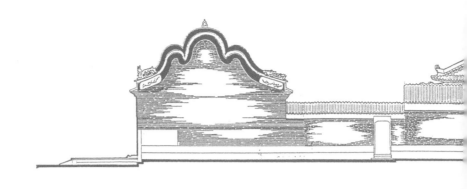

　　诞期前，西江流域一带乃至港澳等地，纷纷组成贺诞团，从三五人至二三十人不等，成群结队前来朝拜。诞期中，朝拜者人如潮水，涌向悦城。有来自上游的百色、龙州、南宁、柳州、贵县、桂林、梧州；来自下游的三水、顺德、佛山、中山、三埠、东莞、广州和香港、澳门；更远的有来自贵州、湖南、江西、福建等省，一时间，悦城镇麇集的人数常达二三十万以上。（据梁伯超、廖燎著《解放前的悦城龙母庙》，德庆县文化局油印资料）

　　以上介绍的是清末民国时龙母祖庙概况。那么，中华人民共和国成立以后的情形又如何呢？从新中国成立之初至20世纪80年代，朝拜龙母曾被认为是封建迷信，龙母祖庙曾一度门庭冷落。从80年代改革开放之后，龙母祖庙香火又重新兴旺起来。每逢诞期，从五月初一至初九日，朝拜民众云集悦城，龙母庙前西江面上船舶如织，鞭炮齐鸣。不仅西江民众前来朝拜，连港、澳来者也络绎不绝，甚至南洋一

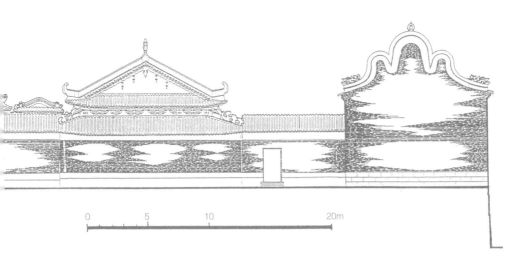

图1-2 龙母祖庙主体建筑侧立面图
龙母祖庙主体建筑，前为山门，沿中轴线向后，顺序为香亭、过轩、大殿和妆楼。主体建筑间以侧廊相连。侧立面总体上呈前低后高之势。但又略有起伏，呈高、低、更低、高、更高的变化。最前的山门与最后的妆楼均为"镬耳"式，为岭南特有形式。

带也派人前来朝拜。悦城一带，车水马龙，人如潮涌。龙母庙前广场上，鞭炮不绝，震耳欲聋。前来朝拜的人多达数十万众。凡见此盛况者，无不惊叹。这龙母祖庙堪称是西江人民心中的圣殿。

西江人民崇拜的龙母究竟是何许人？为何被沿岸百姓奉为祖宗？让我们听听龙母的故事，它是一个个美丽的传说。

龙母的传说，最早见于唐代刘恂《岭表录异》：

"温媪者，即康州悦城县媪妇也。织布为业。尝于野岸拾菜，见沙草中有五卵，遂收归，置绩筐中。不数日，忽见五小蛇出壳，一斑四青，遂送于江次，固无意望报也。媪常濯浣于江边。忽一日，见鱼出水跳跃，戏于媪前。自尔为常，渐有知者。乡里咸谓之龙母，敬而事之。或询以灾福，亦言，多征应。自是媪亦渐丰足。朝廷知

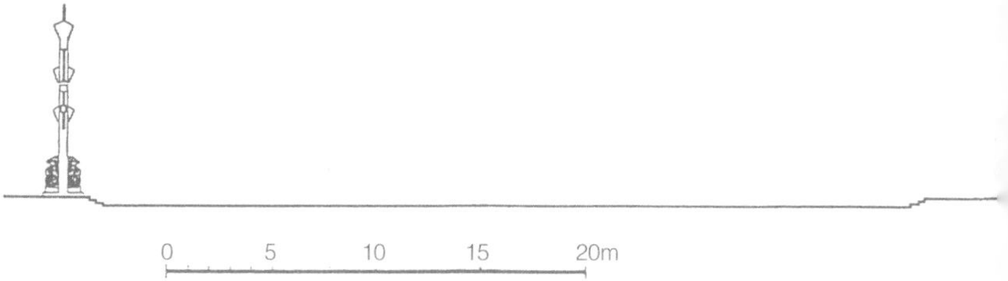

筑境 中国精致建筑100

图1-3 龙母祖庙沿中轴线建筑剖面图
龙母祖庙沿中轴线建筑地势前低后高，最前方为石牌楼，其后47米为山门，以后顺序为香亭、过轩、大殿和妆楼。山门前为一宽约35米、长约80米的广场，牌楼居其中。

之，遣使征入京师。至全义岭有疾，却返悦城而卒。乡里共葬之江东岸。忽一夕，天地晦暝，风雨随作；及明，已移其家，并四面草木，悉移于西岸矣。"

刘恂于唐昭宗（889—906年）时任广州司马。

唐元和（806—820年）进士李绅（772—846年），曾有诗"音书断绝听蛮鹊，风水多虞祝媪龙"［清咸丰元年（1851年）黄培芳撰.悦城龙母庙志·卷二·诗赋.唐李绅诗.移家来端州先寄以诗］；唐太和（827—835年）进士许浑，亦有诗"火探深洞燕，香送运潭龙（康州悦城县有温媪，龙随水往，舟船至人家或千里外，皆以香酒果送之）"（黄培芳.悦城龙母庙志·卷二·诗赋.唐许浑诗.岁暮自广江至新兴往复中）记述。可见，在刘恂写《岭表录异》之前的9世纪初，龙母传说已在悦城和西江一带广为流传，甚有影响。

自唐至清初的近千年间，龙母传说经历代

**图1-4 龙母祖庙之晨/右图**

龙母祖庙之晨，旭日未升，江雾迷蒙，山门前广场十分幽静，只有几位老人在牌楼下闲谈。山、水、建筑和人，使古庙之晨充满画意诗情。

**图1-5 龙母诞之夜/右图**

龙母诞期分为"诞辰"和"润诞"。"诞辰"为龙母降生的日子，以农历五月初八日为正日，初一至初十共十天为贺诞期。"润诞"为龙母升仙之日，以农历八月十五日为正日，从十四日至十六日共三天为贺诞期。诞期成千上万的海内外民众前来朝拜，盛况非凡。龙母诞之夜更焰火腾空，烟花四放，火树银花，把龙母祖庙前广场和牌楼映照得如同白昼，使朝拜活动更加如火如荼。

图1-6 大殿中的龙母娘娘塑像

大殿中的龙母娘娘身着绣龙锦袍，典雅高贵又和蔼可亲。每年诞辰前夜都有一个更衣仪式，龙母神像经焚香沐浴后，更换新袍，接受世人朝拜。

润色加工，渐趋定型。据《孝通庙旧志》云：

> "龙母娘娘温氏，晋康郡程溪人也。其先广西藤县人。父天瑞，宦游南海，取（娶）程溪悦城梁氏，遂家焉。生三女，龙母其仲也。生于楚怀王辛未之五月八日。"

（笔者按：查得楚怀王在位年无辛未，疑应为楚顷襄王辛未年，即公元前290年。）

《孝通庙旧志》谈到，她一日在江边洗衣，拾得卵大如斗，光芒射人，后来卵中出五条壁虎状动物，性善喜水。龙母豢养它们，能在江中捕鱼。一次，龙母因剖鱼，误砍其中一条的尾，它们走了。几年后又回来，成为头角峥嵘身披鳞甲的龙。秦始皇得报，于三十六年（公元前211年）派使者带黄金白璧，请龙母去咸阳皇宫。使者强使龙母上船。白天船

图1-7 海内外进香者朝拜
龙母娘娘
众多的海内外朝拜者在龙母
大殿前的香亭对龙母娘娘顶
礼膜拜。香亭上书匾额"龙
母顺恩"、"母仪龙德"，
朝拜者称龙母为"阿妈"，
把龙母奉为祖宗。

行至始安郡（今广西桂林市），晚上龙子作法，船又回到程溪（今悦城河）。如此数次，使者无法，只得罢休。后来龙母仙逝，怒浪奔涛，次日晨，坟墓已移至北岸。于是，百姓在墓旁立庙，祀奉龙母，祷其庇佑百姓，免于灾患，颇有灵验云云。

历代龙母均得封赐。汉高祖封之为程溪夫人，唐封之为永安夫人。宋神宗封之为永济夫人。明太祖封之为程溪龙母崇福圣妃，又封之为护国通天惠济显德龙母娘娘，有"膺封十数朝，享祀二千载"之誉。

关于龙母的传说，自唐至明清，有《岭表录异》、《太平寰宇记》、《南越志》、《南汉春秋》、《粤东笔记》、《广东新语》、《粤中见闻》、《肇庆府志》等多种典籍记载，而《孝通庙旧志》则是集龙母传说记载之大成者。

西江沿岸，古代居住着越人。宋以后称为"疍家"。"疍"音为"但"，"蜑"音亦为"但"，与川滇桂壮族称"河"的音同，即疍、蜑有近水之意，与其渔猎生产经济有关。岭南的疍民，保留了古越族的文化特征，即食蚌、螺、蚬、牡蛎等介壳类动物，住干阑式建筑，善于水战，善于伐木造船，蛇图腾崇拜等。［吴建新.广东疍民历史源流初析.岭南文史，1985（1）：60-67］

《赤雅》上篇云："疍人神宫，画蛇以祭，自云龙种，浮家泛宅，或住水浒，或住水澜。捕鱼而食，不事耕种，不与土人通婚。能辨水色，知龙所在，自云龙种，籍称龙户。"由上可知，古代疍民乃古越人后裔，保持着蛇图腾崇拜，蛇、鳄鱼、蜥蜴为龙图腾的原型因子，所以，信奉蛇图腾的疍民自称龙种。他们信奉龙母有其民族的渊源。

古代疍民分布于福建、两广和海南一带。而信奉龙母的疍民，从地理分布上则是珠江三角洲和西江流域一带，他们都讲广州话，即粤语。

疍民信奉龙母还有其深刻的社会历史根源。在长期的封建社会中，他们受到统治者的歧视、排挤和侮辱，世代以船为家，不得陆居，不能与陆上人通婚。直至清雍正时才解除陆居禁令。他们生活贫困，世代从事渔业和水上运输，江海的惊涛骇浪使他们浮家泛宅的生活充满风险，灾难和不测的生涯助长了他们的忧患意识和对鬼神的迷信，而期待有祖先的神灵来庇佑他们。龙母正是他们心目中祖先的神灵。这是他们崇拜龙母的社会历史根源。

由生殖崇拜发展出图腾崇拜，由图腾崇拜发展出祖先崇拜（赵国华.生殖崇拜文化论.北京：中国社会科学出版社，1990）。龙母崇拜为图腾崇拜发展为祖先崇拜提供了一个活生生的例证。

龙母祖庙

龙母诞及西江圣殿的来龙去脉

筑境 中国精致建筑100

二、风水宝地

中国古代对建筑、城市、村镇的选址都很重视，这是众所周知的事情。龙母祖庙位于风水宝地，凡来此游览观光或朝拜者莫不赞叹其选址水平之高。

面向大江的龙母祖庙石牌坊正面匾额右书"旗山耸翠"、左书"灵水洄澜"、中书"龙光入观"，山门对联书："百粤洞天开水府，五灵福地起神龙"，点明了龙母祖庙形胜之关键。

龙母祖庙坐落在西江北岸，悦城河与西江汇交的阶地上。庙址所在，高于周围，是个小丘，称为"珠山"。庙之后靠为五龙山，五道山梁蜿蜒起伏，伸向龙母祖庙所在的珠山，人们称之为"五龙护珠"。从山下往上看，似五条巨龙，从庙里腾空向天空飞去。从山上俯瞰，却似五条神龙向龙母祖庙奔去，有"五龙朝庙"之势。

五龙山之外，有一座高出群峰的金鸡岭，似一只专为龙母报晓的金鸡。谚云："金鸡岭后啼，娘娘护国归。"后人有诗云："试上金鸡岭高望，五龙朝庙如当时。"

龙母祖庙前眺大江，与左前方的黄旗山和右前方的青旗山隔江相望，二山似两阙拱卫着祖庙，故云"旗山耸翠"。前方远处有一峰，名为"贵人捧诰峰"，山形好似向龙母鞠躬行礼。庙前为一片浩淼烟波，悦城河、泽水、杨柳水都在附近汇入西江，江水相激，然而水

**图2-1 龙母祖庙及其后面的五龙山/对面页**
龙母祖庙建筑前眺大江，建筑富有岭南地方特色。其后靠五龙山，有"五龙朝庙"之势，传说五龙山为龙母娘娘的五龙子的化身。

龙
母
祖
庙

风
水
宝
地

筑境 中国精致建筑100

不扬波，却萦回九转，似有灵性，依恋龙母，不忍离去。故有"灵水洄澜"之说。（欧清煜主编.古壇仅存——悦城龙母祖庙.德庆县文联、德庆县博物馆、悦城龙母祖庙文物管理所，1992.2）

每当旭日东升，龙母祖庙前万顷金波，日光、波光相映，龙母祖庙一片金碧辉煌。西江如一条巨龙，金波粼粼，故云："龙光入观。"

龙母祖庙选址于如此形胜之地，受到古今学者名士的盛赞。宋朝李纲有诗云："五山秀峙若飞腾，下有澄潭百丈清。不用燃犀窥秘怪，从来神理恶分明。日染波光红洒洒，风摇浪影碧粼粼。神龙来去初无迹，多少江头求福人。"

明代著名的理学家陈白沙先生有《渡灵陵水口》诗："山作旌幢拥，江镜绷面平。舟航乘晓发，云日入冬晴。鼓到江心绝，槎冲石角横。经过悦城曲，无语笑平生。"

清末陈文凤有《悦城龙母庙恭记》诗："青旗山势对黄旗，啼到金鸡岭更奇。江水去来无骇浪，七绅题咏有新辞。安澜四海思龙备，济世千秋想母仪。十雨五风逢盛世，摩挲争欲认残碑。"

著名古建筑学家龙庆忠教授以近九十之高龄，健步登上五龙山，见"五龙朝庙"的形势及山河美景，不禁赞叹说："真是好山好水好风光啊！"龙老为龙母祖庙挥毫写下"古坛仅存"的题匾。年逾八十的秦咢生先生登山，赋诗赞曰："海浅蓬莱世几更，天南壮丽凯风生。山回水绕钟灵处，间气龙光起悦城。"

三、中西合璧的石牌楼

龙母祖庙现存中轴线上最前方有一座石牌坊,石牌坊后面有一组主体建筑:山门、香亭、大殿、妆楼,旁边还有东裕堂和碑亭等附属建筑,近年又重修了原有建筑,重建了龙母坟等。

石牌楼为三间四柱五楼,立于山门前47米处的广场中。其明间阔4.38米,次间阔2.57米,明、次间面阔之比约5:3。明间柱45厘米见方,高5.23米;边柱38厘米见方,高3.4米。明间抱鼓石高1.96米、宽73.5厘米,厚18厘米;次间抱鼓石高1.83米,宽68厘米,厚16厘米。屋面为庑殿顶,坡度极其平缓,为1/6.7,比唐构南禅寺大殿的坡度(1/5.6)还平缓。

石牌楼主体正面匾额上用红色楷书刻"龙光入观"四个遒劲有力的大字,明间两柱有篆书对联:"龙得水而神,万里飞腾,喷雾嘘云作霖雨。母以育为德,群元妪伏,珠航琛舶祝安澜。"石牌楼主体背立面右边匾额为"宫墙锁钥",左边为"柱石屏藩",中间为"四海朝宗"。明间两柱对联为:"龙德动九重,纶绋煌煌颁凤诰。母仪钦万国,冠裳济济肃凫趋。"

这座石牌楼建于清光绪三十三年(1907年),它有如下特点:

1. 庄严、雄伟、古朴、典雅的艺术风格:牌楼露明柱高(明间柱为4.26米,次间柱为2.51米)分别略小于开间面阔(明间4.38米,次间2.57米),比例较接近于宋代建筑,显得

図3-1 石牌坊主体正立面图
石牌坊主体为三间四柱五楼，屋面为庑殿顶，坡度极为平缓，具有庄严、雄伟、古朴、典雅的艺术风格。

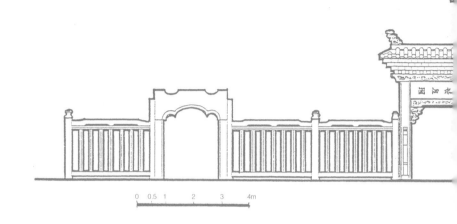

庄严稳定，雄浑有力。它的屋面平缓，屋角平直无反曲起翘，又略有汉阙古风。脊饰简洁古朴，正脊两端为一对相向倒立的鳌鱼，正中为莲座宝瓶。其匾题词为庄重稳健的楷书，使之更显得庄严、典雅。作为一座为龙母歌功颂德的纪念性建筑物，在艺术上是相当成功的。

2. 细部处理手法新颖别致：石牌楼为仿木构式，柱枋构件运用榫卯拼接，但比徽州明代石坊似更有石构特色。比如，枋上不用斗栱，用叠涩挑出棱角牙子式的一排排石块，上承屋盖。因石柱无需防潮，柱础被取消，但在石柱下部四角上各刻一个小小的柱础，柱础上部刻出圆柱式的线脚，既起到装饰作用，又使人们得到"柱础仍然存在"的心理感觉，别有

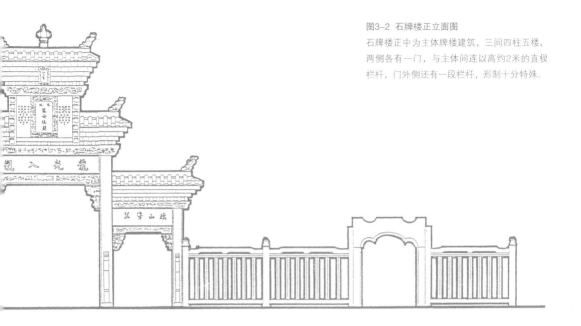

图3-2 石牌楼正立面图

石牌楼正中为主体牌楼建筑，三间四柱五楼，两侧各有一门，与主体间连以高约2米的直棂栏杆，门外侧还有一段栏杆，形制十分特殊。

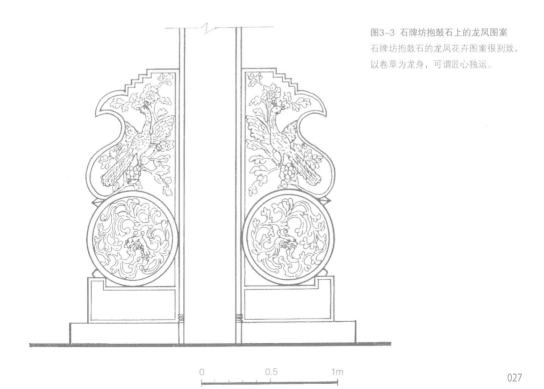

图3-3 石牌坊抱鼓石上的龙凤图案

石牌坊抱鼓石的龙凤花卉图案很别致，以卷草为龙身，可谓匠心独运。

0      0.5      1m

**图3-4 石牌楼东侧门背面**
石牌楼两边的侧门，上为一大券二小券组成的券洞，有明显的西洋风格。东侧门背面的门额上，两侧下方各为一龙，上部满雕中国古代戏曲人物，风格中西合璧。

**图3-5 石牌楼西侧门背面**
/对面页
石牌楼西侧门背面雕刻了25个古代人物，有帝王将相等，采用大致对称构图，形态生动。

情趣。额枋和上柱有浅浮雕，题材多为虫鸟花卉、人物走兽，构图无枋心箍头之分，生动活泼，随意自由。

抱鼓石也用压地隐起手法，雕刻龙凤花卉图案，其中龙的图案很别致：龙头很逼真，但龙身则以盘旋飘舞的卷草代替，生动活泼，使圆鼓石有转动之感。

3. 形制别致，中西合璧：石牌楼两侧各有一门，与主体间连以高约2米的直棂栏杆，门外侧还有一段直棂栏杆，形制甚为罕见。牌楼两边的侧门，上为一大券二小券组成的券洞，有明显的西洋风格，而门额刻满了中国古代人

物和龙、麒麟等中国吉祥动物，使之与主体牌楼建筑相互呼应。主体牌楼檐下的牙子状石，每块也用压地隐起法雕一个有西洋风格的鱼头状图案，也与西洋式侧门券相呼应，使建筑成为和谐的整体。

整个牌楼建筑共宽达35米多，主次分明，外轮廓线有着高低起伏，富于韵律感。其形式以中为主，中西合璧，创造出一种新的形制，是晚清牌楼的成功之作。[吴庆洲、谭永业.德庆悦城龙母祖庙.古建园林技术 (13)：31-35；(14)：58-62；(15)：61-64]

四、山门的建筑艺术

龙母祖庙的山门很有艺术特色。山门在中轴线上石牌楼之后，是用砖、石、木为结构的建筑。山门正上方为"龙母祖庙"牌额，字体雄浑、端庄，右边有一行字"光绪三十一年仲夏乙巳状元骆成骧敬书"。状元为之题书，可见龙母祖庙地位之重要。在状元书牌额之上又有一匾书"古坛仅存"，字体清秀端正，遒劲有力，为柳体。右边书小字"甲子五月初一立"，左下书"龙非了"，印章为"龙庆忠印"。原来这是年近九十的古建筑学家龙庆忠教授（龙庆忠，字非了）的亲笔题词，充分肯定了龙母祖庙的价值。

山门面阔五间，深三间，硬山顶，上覆绿琉璃瓦。正脊上双龙戏珠的陶塑以及诸多人物花鸟走兽等的陶塑，具有浓厚的岭南风情。山墙为"镬耳"式。山门为砖石木混合结构，采用抬梁式结构。通面阔19.28米，明、次、梢三间面阔之比约为10∶7∶6。明间不施额枋，而次、梢间则施用弯枋，这是广东清代后期建筑的一大特色。

大门用石门框、石过梁，门两边为石雕对联，门下施高近0.5米的门枕石及高0.51米的活动木门槛。这反映了广东晚清建筑的另一特色。

山门进深第一间的梢间地平高64厘米，呈台状。据《尔雅·释宫》："门侧之堂谓之塾。"这里，"堂"乃台基之意。又据《礼记·学记》："古之教者，家有塾，党有

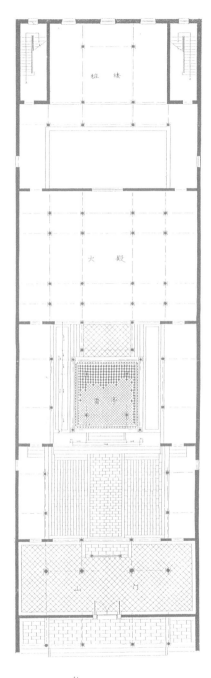

庠。"可知，此乃周代"塾"之遗制。大门有塾，为广东清代祠堂建筑的又一特色。［吴庆洲、谭永业.德庆悦城龙母祖庙.古建园林技术（13）：31-35；（14）：58-62；（15）：61-64］

山门的石雕、砖雕、木雕、陶塑、灰塑艺术都有很高的成就，尤为突出的是石雕艺术，而山门前檐置于塾上的两根透雕石龙柱，可称为岭南龙柱之精品。其龙形盘柱生动自然，以突雕和透雕手法并用，每柱各雕升龙一条，柱高4.3米，径0.35米，径高比约1/12，典雅秀美，亭亭玉立，石珠可在龙嘴内滚动。此外，与其他龙柱不同的是，其龙生动亲切而不凶猛，令人想起龙母的慈祥可亲。［吴庆洲·龙柱艺术纵横谈.古建园林技术，1996（3）：22-28］。另外，龙柱上有书卷，是崇文的意向

除龙柱外，前檐的石枋、石梁架、弯枋上的石狮、内檐的石花柱都雕刻精美，石雕雀替也很生动，以神话人物为题材。

图4-1 主体建筑总平面图

主体建筑由前而后顺序为山门、香亭、过轩、大殿和妆楼。

图4-2 山门正门上的题匾
山门正门正上方的"龙母祖庙"牌额，为末科状元骆成骧所书。再上方为建筑学家、华南理工大学龙庆忠教授所书"古坛仅存"牌匾。

山门的木雕也很精巧。以木雕雀替为例，除部分的神话人物（日神、月神）为题材外，多以石榴（多子，寓意子孙繁衍）、仙桃（寓意长寿）、牡丹（寓意富贵）、蝙蝠（象征幸福）作为题材。

此外，山门叠梁承檩结构的叠梁短柱已成为通雕木花板承檩，上雕各种历史故事、人物花鸟、雕工精巧。山门的屏风门内面雕刻梅、兰、菊、竹，象征高雅、洁净、朴素、有节，又以花瓶图案隐喻"平安"。屏风门的靠内院的一面雕刻"贺诞船"，描绘龙母娘娘在众仙女的簇拥下，乘龙舟经龙母祖庙前西江的情景，众仙姬喜气洋洋，鼓乐鸣奏，龙母娘娘含笑端坐船中，龙舟之龙头也张口欢笑。龙舟破浪前行，群鱼腾跃。龙母祖庙以牌坊、山门、大殿、妆楼、五龙山为背景。图中还有狮子、花鹿等吉祥动物。整个木雕画面构图完美，人物、龙舟、动物生动传神，庙宇云山宛如仙境，是木雕艺术的佳作。另外，值得一提的是

0 0.5 1 2m

图4-3 山门正立面图

山门面阔五间，深三间，硬山顶。正脊双龙戏珠及人物花鸟陶塑，富有岭南特色，两根透雕石龙柱为岭南石雕艺术精品。

图4-4 山门横剖面图

山门进深三间，前檐石雕抬梁式结构，进深二、三间的梁架已由厚厚的雕花板所取代，这是广东晚清建筑的特色之一。山门的木花板、雀替雕刻都很精美。

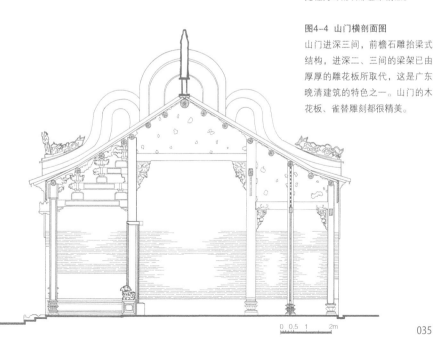

0 0.5 1 2m

**图4-5 山门正面／上图**

山门具有典型的岭南建筑特色。正脊上部为琳
琅满目的琉璃陶塑，下部为山水花鸟灰塑，两
边山墙前方分别为日神、月神。前方次间、梢
间的石弯枋，都是清代岭南建筑所特有。

**图4-6 山门正门／下图**

山门明间石柱上有对联："龙性能驯，奋雷雨
经纶皆吾赤子；母仪不朽，挹江山灵秀福我苍
生"。大门两边对联为"百粤洞天开水府，五
灵福地起神龙"。

图4-7 山门龙柱图（东侧）/左图
山门有两根透雕石龙柱，每根各雕升龙一条，柱高
4.3米，径0.35米，径高比约为1/12，典雅秀美。

图4-8 山门东侧石龙柱/右上图
石龙柱透雕技法高超，石珠可在龙口内滚动。龙形
生动亲切，柱上刻有书卷，有崇文之意向。

图4-9 山门室内空间/右下图
山门室内空间的装饰艺术水平很高，尤以四根花柱
为罕见，各柱分别以花、鸟、松、菊等为题材，通
柱雕刻，雕刻精美，是山门石雕中除龙柱之外另一
精品。

山门的建筑艺术

**图4-10 山门屏风门内侧图案装饰**
山门屏风门内侧以红色为底，以金色勾画木雕图案，以梅、兰、菊、竹象征高雅、洁净、朴素、有节，以花瓶寓意平安。

**图4-11 山门屏风门外侧"贺诞船"木雕/对面页**
木雕全图以棕色为底，以龙母祖庙、五龙山为背景，描绘众仙姬簇拥龙母乘舟、高奏鼓乐贺诞的喜气洋洋场面。

山门前檐封檐板木雕长18.75米，为传统的金漆木雕。它以历史故事、神话传说为题材，雕刻人物上百个，中间间以花鸟图案。其中一个题材为三国历史故事"赵云截江救阿斗"，人物生动传神。山门的木雕不仅技艺精湛，而且用了象征、比喻的手法，用来表现民间大众喜闻乐见的主题，比如福、禄、寿、平安、吉祥、丰足等等。山门封檐板的两端，各雕刻一个"刘海戏金蟾（钱）"图案。刘海戏金蟾是民间传说故事。据《湖广总志》载，"刘元

山门的建筑艺术

筑境 中国精致建筑100

**图4-12 山门封檐板木雕（局部）**
山门封檐板为一长卷金漆木雕艺术品，雕刻有近百个人物，还有许多鱼龙禽兽、花鸟树木。其中一个题材为三国历史故事"赵云截江救阿斗"。

**图4-13 山门封檐板端部和山墙墀头砖雕/对面页**
封檐板端部雕刻"刘海戏金蟾"象征财源广进，蝙蝠象征"福"，五谷、鱼虾象征"五谷丰登，年年有余"。山墙墀头砖雕人物生动，技术高超。

英，号海蟾子，广陵人，仕五代燕主刘守光为相。一日，有道人来谒，索鸡蛋十枚，金钱十枚。置几上，累卵于钱，若浮图（塔）状。海蟾惊曰：危哉！道人曰：人居荣乐之场，其危有甚于此者。复尽以钱擘为二，掷之而去。海蟾由是大悟，易服从道，历游名山，所至多有遗迹。"后来，这一故事演变为刘海戏金蟾，民间有"刘海戏金蟾，步步撒金钱"之戏（侯香亭"亳州花戏楼雕刻彩绘图考"，安徽省阜阳地区行政公署文化局编印《阜阳文物考古文集》，1989年）。刘海戏金蟾成为财源广进，汲取不断的象征。另外，刘海旁边有两只蝙蝠，象征"福"。然后是一组五谷丰硕和鱼虾蟹的图案，象征"五谷丰登，年年有余"。在山门前檐封檐板18米多的长卷中，还有许多花鸟，牡丹花隐喻富贵，红梅喜鹊象征喜庆，翠竹白鹤象征长寿，葡萄隐喻多子。在板下沿花鸟缠枝装饰中，还用"暗八仙"，即八仙所执法器，象征吉祥如意。这"暗八仙"指的是汉钟离所执的扇，张果老所持渔鼓，韩湘子所提花篮，铁拐李所携葫芦，曹国舅所用阴阳板，吕洞宾所持宝剑，蓝采和所吹笛子，何仙姑所握的荷花。山门封檐板的长卷是一幅文化的长卷，它是清末民间艺人的木雕杰作。以历史文化、神话传说为题材，反映出民众对幸福美满生活的向往和追求。

五、香亭的木雕和石雕

香亭的木雕和石雕

筑境 中国精致建筑100

0 0.5 1　　2m

图5-1 香亭正立面图
香亭平面为正方形，重檐歇山顶。正脊上方为两条相对倒立的鳌鱼，正中为莲座宝葫芦。香亭的四根突雕和透雕石龙柱是岭南石雕艺术佳作。

山门之后为香亭，以东、西侧廊相连接，两廊上的陶塑人物装饰反映神话故事、历史传说，很有岭南风韵。

香亭虽小，但在建筑艺术上却很有特色，香亭平面为正方形，有内、外柱各四根。面阔、进深各三间，比通常的做法省去外柱8根。明间阔（4.3米）与次间阔（1.48米）之比为3∶1。香亭立于高约0.5米的台基之上，重檐歇山顶，盖绿琉璃瓦，造型较简洁。

香亭的结构很独特。其四根内柱间施一圈阑额，山面的阑额下还施由额，上下额间垫以雕花墩块。内外柱间施用递角栿，不仅省去8根檐柱，还省去了檐柱的阑额。［吴庆洲、谭永业.德庆悦城龙母祖庙.古建园林技术（13）：31-35；（14）：58-62；（15）：61-64］

0 0.5 1　　2m

图5-2 香亭和过轩横剖面图

香亭和过轩的梁架均为雕花厚木板所取代，
这是岭南晚清建筑的地方特色之一。

图5-3 香亭
小小香亭，石雕、木雕都十分精湛，具有岭南建筑艺术特色。

香亭在装饰艺术上很有成就。它的四根檐柱均为突雕和透雕的石龙柱，雕刻精美，石龙嘴中含珠可以滚动，为石雕艺术佳作，水平仅次于山门石龙柱。

香亭的木雕艺术成就更为突出。其梁架已由雕花板代替了通常梁和矮柱，雕刻山水花鸟禽兽，是一幅大型的木雕艺术品。香亭的木雕雀替也格外精美，题材有花鸟和历史人物、神话传说等。香亭的封檐板的木雕十分精彩，刻画的八仙等神话人物个个栩栩如生，是木雕艺术的上乘之作。小小的香亭，可谓集木雕、石雕装饰艺术之大成。

前内柱间额枋下及后内柱间
额枋下雀替（四个）

东边内柱由额
下雀替（前）

西边内柱由额
下雀替（后）

西边内柱由额
下雀替（前）

东边内柱由额
下雀替（后）

内柱挑檐枋
下雀替（八个）

图5-4 香亭雀替图

香亭木雕雀替，有多种样式。最大的四个雀
替中间是一个大花篮，内盛菊花，象征"长
寿"；花篮下部为蝙蝠图案，象征"福"；花
篮旁边为一个五圆相交图案，正中为铜钱状，
象征"禄"。整个雀替为"福、禄、寿"主
题。此外，还有八仙，福禄双至的题材。

图5-5 香亭封檐板木雕图（中间部分）

香亭封檐板木雕，雕刻八仙闹龙宫等神话故
事，人物生动，雕刻精美，为金漆木雕艺术的
上乘之作。

0.1　　　　　0.5　　　　　　　1m

图5-6 香亭木雕雀替之一（上图）

香亭木雕雀替富于艺术特色。左边雀替形似卷草，实为一蝙蝠图，隐喻"福"，内有铜钱图案，隐喻"禄"，整个图案意为"福禄双至"。右边雀替为八仙之蓝采和（吹笛）、何仙姑（拿荷花）。

图5-7 香亭木雕雀替之二（下图）

右边雀替为"福禄双至"，左边为八仙之吕洞宾（握剑）、曹国舅（执阴阳板）。

香亭的木雕和石雕

◎ 筑境 中国精致建筑100

**图5-8 香亭封檐板木雕（局部）/上图**
香亭封檐板为金漆木雕艺术品，上雕八仙闹龙宫等神话传说，
十分生动传神。

**图5-9 香亭龙柱/下图**
香亭四角各有一根突雕和透雕的石龙柱，刻工精美。

**图5-10 香亭梁架木雕**/上图

香亭梁架由木雕花板取代，刻工精湛，上刻花鸟及
吉祥图案。梁下一枋，枋两端以雀替承托，枋两边
雕"二龙戏珠"图案。枋、梁之间垫以"寿"字图
案的墩块。

**图5-11 过轩的彩画**/下图

过轩与大殿相毗连的墙上有彩画，中间为山海图，
左边为飞凤，右边为腾龙，突出龙凤的主题。

**图5-12 香亭两侧过廊的木雕**
过廊的梁架花板和雀替以人物花鸟为题材，雕工精致。

香亭和山门都是光绪三十一年（1905年）所建。

香亭之后有一个与大殿相接的过轩，上部屋宇与大殿交叉相接，在大殿前下檐屋宇上有一道矮墙，挡住过轩向大殿下檐上部出檐与大殿下檐瓦面之间的空隙，以免雨水飘入过轩内。在这堵矮墙上绘有彩画，中间部分为山海图，右边为腾龙，左边为飞凤。

香亭两边过廊的梁架花板和木雀替雕刻也颇精致，廊内空间较宽敞。漫步在廊内，也可以领略木雕工艺之美。经由过轩和两边侧廊，便可步入祖庙的大殿。

六、龙母的圣殿

大殿是龙母祖庙正殿，也即龙母殿，内供龙母。大殿面阔、进深均为五间，总面阔19.28米，总进深14.08米。平面呈长方形，立面为重檐歇山，绿琉璃瓦顶。

大殿空间高敞，建筑具有浓厚的地方特色。首先，大殿的内部空间以黑色和红色为主调。以黑色为主调的殿堂建筑在全国各地并不多见，但珠江三角洲和西江流域则常可见到。佛山祖庙木柱也用黑漆柱，广州陈家祠也是以黑为室内装饰主调。这三座建筑都是广东珠江三角洲和西江一带最著名的祖庙祠堂建筑。众所周知，佛山祖庙的正殿紫霄殿中供奉的是真武大帝，为何祖庙中供奉真武帝，令人不解。据考证，夏禹之父鲧，为夏民族的首领，被奉为北方水神，后来被道教奉为真武帝。鲧的后代一支为夏族，到河南嵩山一带建立了夏朝。另一支为番禺族，南迁至越，广东番禺即为番禺族聚居留下的地名。[陈久金.华夏族群的图腾崇拜与四象概念的形成.自然科学史研究,

图6-1 大殿正立面图/对面页上图
大殿平面呈长方形，立面为重檐歇山顶。正脊双龙戏珠陶塑。前下檐无斗栱。上檐斗栱的补间铺作为明间两朵，次间一朵。

图6-2 大殿纵剖面图/对面页下图
大殿无收山，正脊过长，是它建于清末的重要证据。

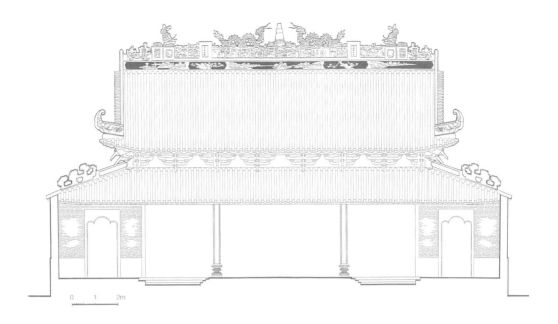

0  1  2m

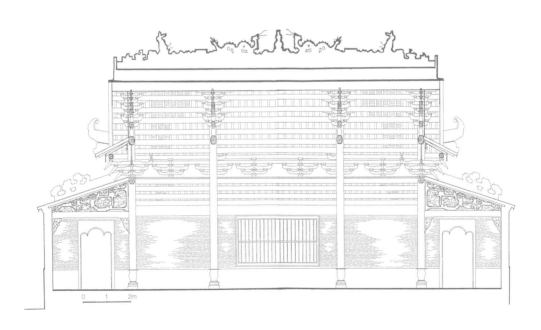

0  1  2m

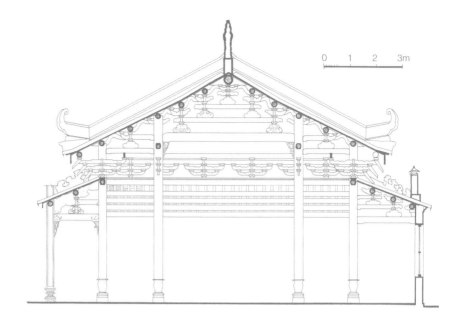

图6-3 大殿横剖面图
大殿采用抬梁式结构，正脊用三角形梁枕木承托，用了弓形
叉手、托脚，这是岭南建筑的地方手法。

1992，11（1）：9-21］珠江三角洲和西江流
域都留下了古番禺族的足迹，受到夏族传统的
影响。比如，夏人以蛇为图腾，夏人尚黑。古
越人也是以蛇为图腾，也尚黑。这种古俗一直
保留至今。广东三大祖庙都体现了"尚黑"的
传统，珠江三角洲和西江流域的祠堂建筑都是
如此。龙母祖庙大殿为黑色的柱子，深褐色的
梁架，红色的斗栱，殿内龙母娘娘神位帷帐、
五龙太子、五显华光的帷帐以及表旌龙母的旗
幡都是红色的。大殿中高悬"泽及同人"的匾
额，是光绪三十一年立。殿内斗栱补间一至二
朵，用偷心造三跳华栱，仍有宋代风格。

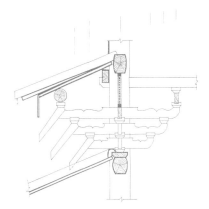

大殿上檐山面斗栱（补间铺作）

大殿前上檐斗栱及前下檐细部
（柱头铺作）

0    0.5    1                2m

图6-4 大殿斗栱图

大殿上檐柱头铺作无栌斗，栱端插于柱身上，
有穿斗遗风。前出三跳平昂，后出三跳华栱，
均为偷心造，补间铺作下用栌斗，形制与柱头
铺作相同。

**图6-5 龙母大殿前上下檐室内空间**/上图

龙母大殿前上下檐室内空间高敞、明亮，以黑色和红色为主
调。因古越人乃夏人之后裔，用黑色与夏人尚黑的传统有关。

**图6-6 大殿斗栱梁架仰视**/下图

大殿上檐斗栱次间补间铺作一朵，内出华栱三跳偷心造，仍有
宋代斗栱特点。柱头铺作无栌斗，从柱身出华栱三跳偷心造，
又有穿斗式建筑风格。

图6-7 大殿室内空间

大殿内正中高悬"泽及同人"匾额，字体雄浑
有力。北边正中为龙母娘娘神龛神像，其西边
为五显华光神龛神像，东边为五龙太子神龛神
像，五彩红底帷帐和旗幡，点缀着殿内空间。

◎ 筑境 中国精致建筑100

大殿重建于清光绪三十一年，但却保存了许多宋代建筑的特点。

**1. 大殿的结构**　大殿结构类似宋式殿身加副阶周匝之制。殿身四柱十椽，前后金柱间施用六椽栿，用月梁，梁端下以雀替承托。上椽栿上施驼峰、斗栱、托脚，依次叠加四椽栿和平梁，上为驼峰、丁华抹颏栱和梁枕木，脊槫置于梁枕木之上，叉手则支于其下。用梁枕木为岭南手法，宋构肇庆梅庵大殿和南宋光孝寺大殿都是如此。前后重檐金柱与前后金柱间分别施用乳栿、驼峰、斗栱、搭牵、托脚，与宋制无二。

前后檐副阶与上檐殿身结构大体一致，只是前下檐乳栿上的托脚已变为雕龙的花板，山面副阶四椽栿上用夔纹雕花厚板承檩，已成清末风格。图案为五蝠（福）捧寿题材，雕刻精美。

**2. 上檐斗栱**　大殿重檐金柱间施用阑额一圈，在柱身上和阑额上施斗栱铺作，柱头铺作无栌斗，栱端插于柱身上，有穿斗遗风。前出三跳平昂，后出三跳华栱，均为偷心造。前出最上一跳昂上直接承撩檐枋，后出最上一跳华栱上承罗汉枋，上檐老角梁的尾部正好压在正侧两面罗汉枋的交点上。

补间铺作下用栌斗，斗栱形制同柱头铺作。当心间用补间铺作二朵，次间一朵，与宋《营造法式》规定一致。

图6-8 大殿上檐斗栱梁架/上图
上檐斗栱梁架用了叉手、托脚等，仍保持宋代的一些做法。

图6-9 大殿副阶梁架木雕/下图
副阶雕刻龙形装饰，表现出清代风格。

斗栱材高17厘米，厚6厘米，高厚比为3∶1，与广西真武阁相同，乃岭南穿斗建筑遗制。

**3. 屋面坡度** 大殿上檐的屋面坡度极为平缓，为1/4.4，介于唐构佛光寺大殿（1/4.9）与五代华林寺大殿（1/4.1）之间。

**4. 出际** （即歇山屋脊端部出屋架之外的长度）出际约85厘米。大殿椽长多为88—109厘米，其出际与《营造法式》规定的"若殿阁转角造，即出际长随架"相符。

**5. 收山** 大殿无收山。广东宋元明建筑的歇山屋盖均收山甚多。大殿因无收山，正脊过长，立面上显得屋盖过大，有笨重之嫌。这正是它建于清末的重要证据。［吴庆洲、谭永业.德庆悦城龙母祖庙.古建园林技术（13）：31-35；（14）：58-62；（15）：61-64］

七、龙母娘娘的寝宫

龙母祖庙

龙母娘娘的寝宫

筑境 中国精致建筑100

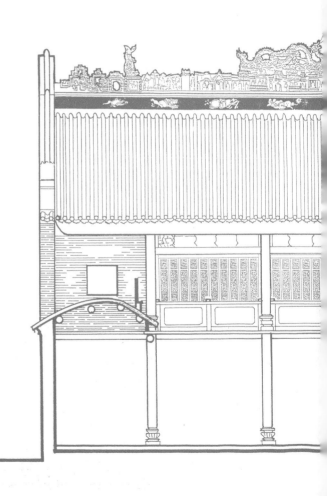

妆楼在大殿之后，又称为后座，是一座二层的楼阁。后座阔五间，深三间，硬山绿琉璃瓦顶，镬耳式封火山墙。楼上为龙母的龙床所在，因此，妆楼是龙母娘娘的寝宫。龙母祖庙的这种布局符合"前堂后寝"的古制。用叠梁式结构，为清咸丰二年（1852年）所建。

妆楼的木雕装饰是精美的。二楼的隔扇门制作精美，以"寿"字为主题。二楼前轩梁架木雕和雀替雕刻精致，图案有石榴、仙桃等，是隐喻多子多福和长寿的吉祥图案。

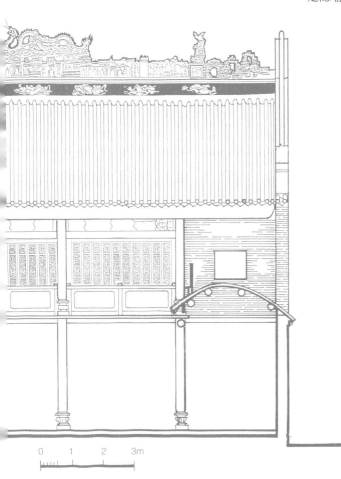

0　1　2　3m

图7-1 妆楼正立面图
妆楼高二层，硬山顶。正脊为二龙戏珠陶塑。妆楼是龙母娘娘的寝宫，楼上有龙母的龙床。

龙母娘娘的寝宫

◎筑境 中国精致建筑100

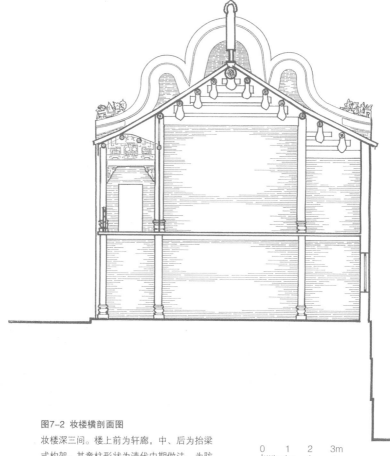

**图7-2 妆楼横剖面图**

妆楼深三间。楼上前为轩廊，中、后为抬梁式构架。其童柱形状为清代中期做法。为防御洪水，妆楼用花岗石条石砌筑基座，高达5.46米。

0　1　2　3m

图7-3 妆楼二楼隔扇门正立面图/上图
妆楼二楼隔扇门共十扇，每一扇上、下各一
寿字图案，中间为一双寿字图案，以"寿"
为题，雕工精细，构思别致。

图7-4 妆楼二楼隔扇门剪影/下图
从剪影可以体味该门木雕艺术的精美别致。

龙母娘娘的寝宫

筑境 中国精致建筑100

**图7-5 妆楼背面**
妆楼脊饰为双龙戏珠图案，其背面砖墙上方
以灰塑彩画为装饰。

八、匠心巧构的碑亭

筑境 中国精致建筑100

碑亭位于山门的东北方。平面正八边形，重檐攒尖盔顶，黄琉璃瓦盖面，绿琉璃瓦镶边。上檐八条垂脊，每条上置二条琉璃金龙。下檐八条角脊，每脊置一条琉璃金龙。上部为仰莲座金葫芦琉璃宝顶。

由于未发现题记，又缺乏文献记载，只能就其形制推测其修建年代。

**1. 斗栱** 碑亭上、下檐均有斗栱。上下檐斗栱都分柱头和补间二种铺作。柱头铺作即转角铺作。补间铺作每间一朵，与宋制相符。

下檐补间铺作最下为驼峰，上置栌斗，栌斗口出横栱二层承柱头枋，上再施重栱承枋，共六层栱枋。前出三跳平昂，重栱计心造，未施令栱、耍头、衬方头，由昂直接承橑檐枋，只能算作五铺作。后出二跳华栱，偷心造，上承罗汉枋。柱头铺作与补间铺作几乎完全相同，只是其两横栱呈135°交角，第三跳的尾部交于后面金柱身上。

上檐补间铺作由栌斗口出横栱二重，上承柱头枋。前出一华栱，重栱计心造；上出一平昂，亦重栱计心造；上再出一昂承托橑檐枋，亦不施令栱、耍头、衬方头，应为五铺作。后出二跳华栱偷心造，上承罗汉枋。柱头铺作无栌斗，为柱身施插栱，前出与补间铺作同，柱后无斗栱，施一枋与小柱及帐杆相连。

下檐斗栱高109厘米，柱高298厘米，其比

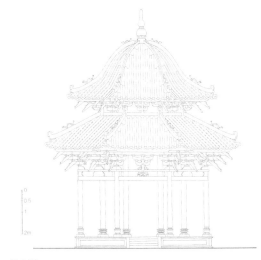

a 正立面

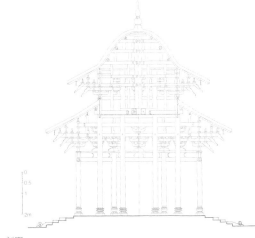

b 剖面

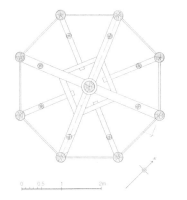

c 平面

为1/2.7，略小于北宋梅庵大殿（1/2.44），但比南宋光孝寺大殿（1/3.1）要大，有宋代斗栱比例雄大的风格。

**2. 材栔** 下檐斗栱材高17厘米，厚6.5厘米，栔高6.5厘米，下檐则分别为14、6、6.5厘米，材高厚比分别为2.6：1和2.33：1。材高相当于《营造法式》六、七和八等材，与其规定亭榭用材相合。

**3. 檐出** 碑亭下檐檐高3.65米，总檐出1.55米，合137分，檐高：檐出=100：42.5，出檐较为深远，与北方宋辽金建筑相似。

**4. 柱子侧脚** 檐柱和重檐金柱向内侧脚分别为1.1%和2.3%，向相邻两柱中心侧脚分别为0.44%和0.6%，与《营造法式》规定的1%和0.8%大致符合。

**5. 普拍枋和阑额** 上檐用了阑额，未用普拍枋。下檐柱间使用了阑额和普拍枋，但两者间隔以雕花驼墩。

**6. 屋面坡度** 屋面坡度上檐为1/3，下檐为1/1.33。因用盝顶，故屋面略陡些。

图8-1 碑亭平、立、剖面图
碑亭平面为正八边形，重檐攒尖盝顶，黄琉璃瓦盖面，绿琉璃瓦镶边。上檐垂脊上各两条琉璃金龙，下檐角脊上各一条金龙。碑亭结构严密巧妙，比例匀称，盝顶曲线优美，为木构艺术佳作。

图8-2 碑亭

碑亭构筑巧妙，曲线优美，保持了早期木构建筑的特点。

**7. 结构**　其结构颇有特色。檐柱间以阑额和普拍枋相连，形成一个外框架，重檐金柱间则由阑额和承托天花的由额形成内框架。外檐柱头铺作第三跳尾部插入重檐金柱柱身。檐柱和金柱间施穿插枋，使内外框架联为一体。

上檐则在重檐金柱间施十字交叉梁，再施枋连梁、柱，十字梁正中承托径为36厘米的枨杆。枨杆与重檐金柱间的梁、枋上施高207厘米，径15厘米的小柱。上檐补间铺作后出第二跳所承托的罗汉枋，正好插进相邻的两根小柱，成为小柱的一圈额枋。在其上又施一圈额枋，使八根小柱形成小框架。在重檐金柱和相应的小柱间各施二根枋作拉连，于是以枨杆为轴心，三层框架连成一体，形成整个碑亭的结构。小柱之上支承着由枨杆放射出来的八根枋，枋外端承槫，稍靠内处施短柱承托由枨杆放射出来的上一层枋，枋端又承槫，如此层叠而上，共施三圈槫，再在其上施椽，形成上檐盔顶屋盖。

碑亭结构严密巧妙，盔顶屋面曲线优美，令人赞叹，它在建筑艺术和结构技术上均有研究价值。［吴庆洲、谭永业.德庆悦城龙母祖庙.古建园林技术（13）：31-35；（14）：58-62；（15）：61-64］

九、龙的艺术

龙母祖庙是龙的艺术，它是在中国八千年龙文化的背景下出现的。

1995年，辽宁阜新县查海遗址发现二条19.7米长的龙形堆塑，年代在距今8000年之前。据1995年2月26日的《中国文物报》载："（阜新查海）发现了位于房址和墓葬之间长达19.7米的龙形堆石，其头部、腹部、尾部清晰可辨，昂首游身。这是迄今国内发现的最早的龙形图案，是中华民族龙崇拜形成的重要来源之一。这一发现为研究8000年前人类的生产生活情况及原始文明的形成提供了珍贵资料。"

考古发现证实，中国的龙崇拜已有8000年以上的历史。古代东夷族以龙为图腾，西羌族以虎为图腾，少昊族和南蛮族以鸟为图腾，北方夏民族以蛇为图腾，从而产生了天上"四象"，即东方苍龙、西方白虎、南方朱雀、北方玄武的概念［陈久金.华夏族群的图腾崇拜与四象概念的形成,自然科学史研究,1992, 11（1）：9-21］。龙文化进入天文学和天上的神灵世界。象天思想使地上也出现对应的青龙、白虎、朱雀、玄武，龙文化渗透于华夏古文明的天文地理之中。帝王自称"真龙天子"，龙文化在天、地、人三才中占据着重要地位。

《周易》六十四卦第一卦为乾卦，述及"潜龙勿用"、"见龙在田"、"或跃在渊"、"飞龙在天"、"亢龙有悔"、"群龙无首"。六龙，乃古代天象中苍龙的六种形

态，是对古代观象授时历法的经验总结，可以称为"龙历"。（陆思贤.天文考古.北京：文物出版社，1995年12月）

应该说，龙文化渗透到中华文化的一切领域，建筑自然不会例外，在龙母祖庙建筑中表现得更为突出和具有特色。

首先，其名为"龙母祖庙"，其庙后有五龙山。

其次，其建筑或以龙为饰，或有龙的文化内涵。中轴线上最前面的建筑是石碑楼，最上为"圣旨"二字，下以云龙为框，框中书"悦城龙母祖庙"，中间匾额为"龙光入观"，明间柱正面联有"龙得水而神"，背面联有"龙德动九重"，抱鼓石上有龙凤图案，石牌坊为"真龙天子"所赐，处处透出"龙气"。

石牌坊后为山门，山门正面左右各有龙柱一根，门上额书"龙母祖庙"，门联书"五灵福地起神龙"，明间柱联有"龙性能驯，奋雷雨，经纬皆吾赤子"。屋脊上以"双龙戏珠"为主题。山门建筑中，龙的主题很突出。

山门后为香亭，其四根龙柱显于外，"龙母顺恩"匾额书于内，正脊两边浮塑"双龙戏珠"图案。

大殿中有木雕圣龛，供奉龙母。圣龛两边为云龙柱，上饰双龙花罩，基座有赛龙舟等图案，以及各种姿态的龙饰。旁边供奉五龙太子。大殿脊饰亦以"双龙"为主题。

妆楼的二楼有龙母龙床，花罩为龙形，正脊为龙饰。

碑亭重檐脊上有32条金龙。

"龙的艺术"是龙母祖庙建筑艺术的特色。

十、脊饰艺术

屋脊上的装饰艺术富于特色，使龙母祖庙建筑更富于魅力。

山门、大殿、妆楼这三座中轴线上的建筑，都以"双龙戏珠"为主题，设计建造了脊饰，然而，各具特色。山门的双龙文雅平静。大殿的双龙势欲腾空飞起，而妆楼的双龙张牙舞爪，目视宝珠，有护珠不容侵犯之态。故虽同为一题材立于正脊为饰，神态各异，而无重复雷同之弊。香亭小巧玲珑，其虽处中轴线上，仅以双鳌鱼相向倒立，中为莲花宝葫芦为脊刹，正脊浮塑"双龙戏珠"，与山门、大殿、妆楼又有区别。

脊饰可称为中华历史文化的大舞台，上有山川花卉、飞禽走兽，大至日月星辰，中至房屋建筑，小至人物、虫、鱼，均在其上可以见到。另外，在山门两山脊正前方，有日、月二神，分别为男、女神，反映了中国哲学上的阴阳观念。妆楼正脊正面有暗八仙图案。至于上面数以百计的建筑，从西洋到中国的建筑各呈异彩，可谓千姿百态，亭台楼阁，应有尽有。脊饰上数以千计的人物，从帝王将相，才子佳人，到神仙佛道，各有风采。题材有历史故事，如三国演义、水浒传等，神话传说，如封神演义、八仙过海、西游记等，均为群众喜闻乐见的题材。脊饰内容包罗万象，为岭南特色。

图10-1 山门正脊龙饰／上图

山门正脊主题为双龙戏珠，龙态平静文雅。

图10-2 大殿正脊龙饰／下图

大殿正脊龙饰势欲腾空，与山门平静文雅的
龙饰形成对比。

**图10-3 山门正脊脊饰正立面图**
山门正脊脊饰以双龙戏珠为主题，衬以
山水、花卉、人物、鸟兽等。龙为文雅
平静的游龙。

**图10-4 大殿正脊脊饰正立面图**
大殿正脊的双龙势欲腾空而起，与山门
的双龙不同。

**图10-5 妆楼正脊脊饰正立面图**
妆楼的正脊脊饰主题也是双龙戏珠，龙
形张牙舞爪，有护珠不容侵犯之态，与
山门、大殿的正脊龙饰有明显不同。

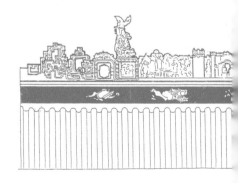

0    1    2    3m

0    1    2m

0    1    2    3m

**图10-6　大殿脊饰正面（后为妆楼脊饰）/上图**
大殿脊饰，双龙势欲腾空，富于动感，与后面
妆楼的双龙的护珠神态不同。

**图10-7　香亭脊饰正面/下图**
香亭脊饰，下为双龙戏珠彩画，上为一对相向
倒立的鳌鱼，中为莲座宝葫芦脊刹。

**图10-8 龙母祖庙大殿副阶脊饰/上图**
这一处脊饰以《水浒传》梁山伯108条好汉为
题，在聚义厅内，水浒英雄神态各别，性格相
异，人物刻画生动传神。

**图10-9 香亭西侧廊脊饰（八仙等）/下图**
香亭西侧廊陶塑脊饰，两端以八仙为主题，中
间则以封神榜神话传说和戏曲人物等为题材，
配以楼阁花卉，五彩纷呈。

**图10-10 香亭前西侧脊饰（福、禄、寿三星等）**
香亭前西侧脊饰，以福、禄、寿三星为主题，配以"封神榜"神话故事等题材，琳琅满目，令人目不暇接。

　　形成"舞台式脊饰"的原因，在于岭南元明后戏曲流行，为百姓所喜爱，这些反映中华文化民风民俗的戏曲，熏陶感染一代代工匠、画师和雕塑家，最后他们把这些戏曲人物搬上脊饰这巨大舞台，让这些戏曲人物展现风采，也使中华优秀文化和传统千年永存，流芳百世。

十一、防御洪水
的杰构

图11-1 柱础图

龙母祖庙柱础式样繁多，雕刻精致，有较高的石雕工艺水平。由于防洪的需要，山门多用石柱石础。大殿和香亭的木柱则采用高石柱础，高均近1米。

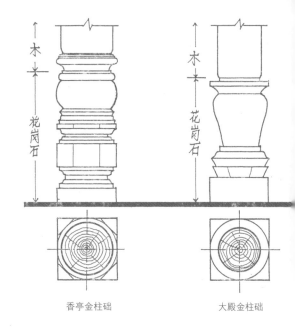

香亭金柱础

大殿金柱础

龙母祖庙除建筑艺术上成就卓著外，防洪技术上也独树一帜。由于庙址地势较低，几乎年年都受到西江洪水的冲淹。由于它在防洪技术上采取了一系列措施，故能防洪抗冲而不倒。

其防洪抗冲的措施有：

1. 大量采用花岗条石铺砌河岸、码头、山门前广场、建筑台基、庭院地面，以护建筑基址。

2. 大量采用砖石作建筑材料，牌坊则全由石材制成。

3. 采用高石柱础，大殿及香亭石础均高近1米。

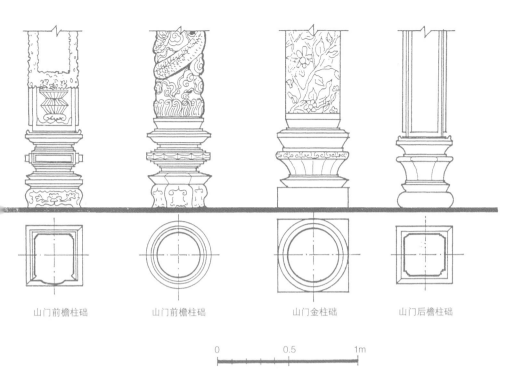

山门前檐柱础　　　　　山门前檐柱础　　　　　山门金柱础　　　　　山门后檐柱础

0　　　　　　0.5　　　　　　1m

4. 山门门枕石高达0.46米。

5. 用石材砌筑高台基，东裕堂的虎皮石台基高3.85米，妆楼的花岗石条石台基高达5.46米。

6. 良好的排水系统。每次洪水退后，庙内一净如洗，与附近民居水退后留下厚厚一层泥沙，形成鲜明的对照。

龙母祖庙自清末重建以来已历近百年，几乎年年受洪水冲淹而依然屹立江边，不愧为防御洪水的杰构。（吴庆洲.中国古代城市防洪研究.北京：中国建筑工业出版社，1995）

十二、海外赤子
的妈妈形象

海外赤子的妈妈形象

筑境 中国精致建筑100

　　龙母有德于民，有功于国，她是海外赤子慈祥的母亲，是祖国母亲的化身。每当龙母诞日，海内外前往龙母祖庙朝拜者人潮如海，鞭炮齐鸣，震耳欲聋，进香者均有一颗虔诚之心，场面如火如荼，分外热烈。尤其来自港澳，乃至南洋一带的华人，不远千里万里，前来朝拜，目的是前来龙母祖庙"探阿嬷"（广东方言，即"看望母亲"）。其寻根认同、怀念祖先、眷恋故乡之情，是炎黄子孙的共同感情。

　　中国科学院院士、工程院院士、前国际建筑师协会副主席、清华大学教授吴良镛先生为之感慨题诗曰："悦城有圣地，苍山碧水间。母德传永世，凝力浩无边。"

　　对龙母的崇拜，对龙母祖庙建筑艺术的赞赏，体现了中华文化的伟大生命力和凝聚力。

图12-1 龙母祖庙中供奉的龙母娘娘
龙母娘娘身着龙袍，端坐于大殿之中，
是西江沿岸百姓供奉的祖宗。

# 大事年表

| 朝代 | 年号 | 公元纪年 | 大事记 |
|---|---|---|---|
| 战国 | 楚顷襄王辛未年 | 公元前290年 | 龙母娘娘温氏于五月初八日出生 |
| 秦 | 秦始皇三十六年 | 公元前211年 | 秦始皇派使者带黄金白璧，请龙母去咸阳宫，龙母不愿去。八月十五日仙逝于悦城。葬于南岸青旗山，传说一晚坟墓自移至现址，百姓在墓旁立庙祭祀 |
| 汉 | 汉高祖十二年 | 公元前195年 | 封龙母为程溪夫人。加赐御葬 |
| 唐 | 哀帝天祐二年 | 公元905年 | 封龙母为永安夫人，又封为永宁夫人 |
| 宋 | 元丰元年 | 1078年 | 封龙母为永济夫人，并加封为灵济崇福圣妃，五龙子及龙母姐妹邻女均一一加封。赐额"永济"，后又改额"孝通"。委官增修悦城庙貌，楼居宏壮 |
| 明 | 洪武八年 | 1375年 | 封龙母为程溪龙母崇福圣妃 |
| | 洪武九年 | 1376年 | 封龙母为护国通天惠济显德龙母娘娘，五龙五济侯俱晋封王爵，每年龙母诞日谕官致祭 |
| | 永乐十一年 | 1413年 | 知州黄广、同知李纶与耆民梁尚文、陈五玫等募款重建庙宇。给事中陈铎书"孝通庙"三大字 |
| | 永乐十三年 | 1415年 | 本州判官徐行制衣饰龙母娘娘塑像 |
| | 正统三年 | 1438年 | 悦城巡宰刘秉恒偕耆民梁尚彬募建仪门三间 |
| | 正统十三年 | 1448年 | 都指挥王清于仪门处创建牌坊，额曰"感应" |
| | 嘉靖二十四年 | 1545年 | 两广都御史张岳命知州方用大修庙宇，重建仪门、礼祭以报 |
| | 崇祯年间 | 1628—1644年 | 国公沐世阶诣庙致祭 |

| 朝代 | 年号 | 公元纪年 | 大事记 |
|---|---|---|---|
| 清 | 顺治十七年 | 1660年 | 高雷总镇都督粟养志捐金倡修庙宇 |
| | 顺治十八年 | 1661年 | 知州饶崇秩等人先后出序捐资，募建三座，工费浩繁 |
| | 康熙七年 | 1668年 | 三座告成，八月二十六日龙母升殿 |
| | 康熙八年 | 1669年 | 十月，两广都御史周有德诣庙致祭 |
| | 康熙十年 | 1671年 | 绅士卜地在康州（今德庆县）城东仁寿里建行官二座 |
| | 康熙十三年 | 1674年 | 七月平藩左镇左营副总文天寿捐俸三百金，创建戏楼、照墙 |
| | 乾隆二十年 | 1755年 | 修墓，周围筑墙，以肃内外。庙前旧有戏台，距庙十步；台之外，有牌坊，距台十步。后迁戏台于庙前十余步，迁牌坊于台后，布置不当，今将戏台、牌坊归于原处。又修复妆楼，与大殿相配。妆楼、戏台、牌坊均鬃新丹垩、墁墙刻节，与龙母供帐床簟、被褥诸物，俱极瑰丽 |
| | 乾隆二十一年 | 1756年 | 在龙母墓前空地修筑拜亭 |
| | 乾隆二十三年 | 1758年 | 儋州知州王士瀚于罗定捐俸修墓树碑并题 |
| | 乾隆二十五年 | 1760年 | 王士瀚重修庙志 |
| | 嘉庆九年至十八年 | 1804—1813年 | 肇庆知府张纯贤捐钱募款重修龙母祖庙 |
| | 嘉庆二十五年至道光元年 | 1820—1821年 | 署德庆州事章予之捐俸募款重修头门，新建客堂。冯陈氏为儿疾康复新建恩荫亭（碑亭） |

| 朝代 | 年号 | 公元纪年 | 大事记 |
|---|---|---|---|
| 清 | 道光四年 | 1824年 | 重修大殿神像 |
| | 光绪元年 | 1875年 | 新建公所东裕堂，有堂有房有阁有廊 |
| | 光绪三十一年 | 1905年 | 重修大殿。重建山门、香亭，重修妆楼 |
| | 光绪三十三年 | 1907年 | 重建石牌楼 |
| 中华人民共和国 | | 1966—1976年 | 十年动乱中，龙母祖庙受到冲击，脊饰受到破坏 |
| | | 1985年 | 重修妆楼 |
| | | 1987年 | 香港周景照先生出资修复龙母墓 |
| | | 1988年 | 周景照先生出资重修东裕堂以及堂侧的观音池 |
| | | 1992年 | 脊饰修复完成，包括山门、前院东西廊、香亭两廊、香亭、大殿、后院东两廊，妆楼的瓦脊陶塑 |

**图书在版编目（CIP）数据**

龙母祖庙/吴庆洲撰文/摄影/制图.—北京：中国建筑工业出版社，2014.6
（中国精致建筑100）
ISBN 978-7-112-16911-5

Ⅰ.①龙… Ⅱ.①吴… Ⅲ.①寺庙–宗教建筑–建筑艺术–肇庆市–图集 Ⅳ.① TU–098.3

中国版本图书馆CIP数据核字（2014）第110979号

©中国建筑工业出版社

责任编辑：董苏华　张惠珍　孙立波
技术编辑：李建云　赵子宽
图片编辑：张振光
美术编辑：赵　清　康　羽
书籍设计：瀚清堂·赵　清　周伟伟　康　羽
责任校对：张慧丽　陈晶晶　关　健
图文统筹：廖晓明　孙　梅　骆毓华
责任印制：郭希增　臧红心
材料统筹：方承艺

中国精致建筑100

**龙母祖庙**

吴庆洲　撰文/摄影/制图

中国建筑工业出版社出版、发行（北京西郊百万庄）
各地新华书店、建筑书店经销
南京瀚清堂设计有限公司制版
北京顺诚彩色印刷有限公司印刷

开本：889×710毫米　1/32　印张：3　插页：1　字数：125千字
2016年12月第一版　2016年12月第一次印刷
定价：**48.00元**
ISBN 978-7-112-16911-5
　　　（24366）